重返恐龙星球

PLANET DINOSAUR

三叠纪

童 彩 ⊙ 编绘

北京理工大学出版社
BEIJING INSTITUTE OF TECHNOLOGY PRESS

目录
MU LU

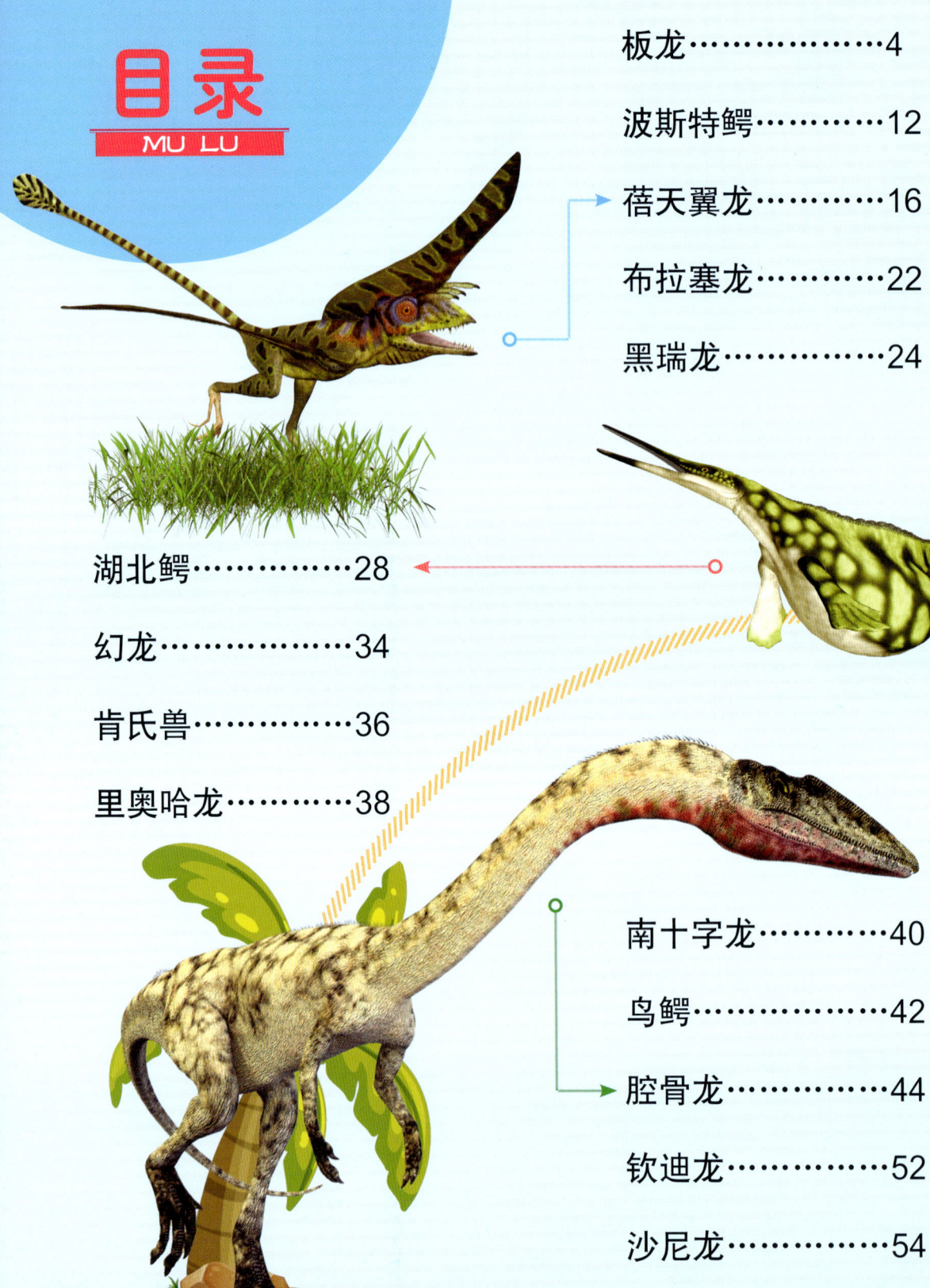

板龙……………4

波斯特鳄…………12

蓓天翼龙…………16

布拉塞龙…………22

黑瑞龙……………24

湖北鳄……………28

幻龙………………34

肯氏兽……………36

里奥哈龙…………38

南十字龙…………40

鸟鳄………………42

腔骨龙……………44

钦迪龙……………52

沙尼龙……………54

水龙兽…………60

撕蛙鳄…………66

始盗龙…………72

鼠龙……………74

跳龙……………76

无齿龙…………78

迅猛鳄…………80

亚利桑那龙………82

异刺鲨…………86

原颚龟…………88

真双齿翼龙………90

板 龙
BAN LONG

板龙小资料

板龙是一种忠厚老实型的植食性恐龙。它是三叠纪时期个子最高的恐龙，体重大约为5吨。生活在欧洲地区。

认识板龙

板龙是三叠纪最大的陆生动物，身长6～10米，高约3.5米，前肢短小，后肢粗壮。它既可以用四肢行走，也可以用后肢站立起来。

5

非凡的前肢

　　板龙的前肢比后肢短许多，前爪有5指，大指上长着一个顶端尖尖的大钩爪，它可能是板龙防御敌害的武器，也可能用来从树上或灌木上抓取食物。

食物来源

板龙比同时期的动物身材高大得多，因此，它不仅能吃到地面上的植物，还能利用长脖子吃到高处的枝叶。

进食方式

　　板龙的牙齿呈锯齿形，可以很容易地切碎树叶，但不太适合咀嚼。因此，板龙必须吞下一些小石头，从而帮助消化。

集体生活

　　又高又大的板龙不是独行侠，它们喜欢和同伴们组成一个大家庭生活，像一支大部队一样浩浩荡荡地寻找食物和水源，一起休息，一起享受美味。

9

板龙化石

　　板龙的化石主要发掘于德国、法国、瑞士和格陵兰等地，在一些地方，甚至同时出现几十块板龙的骨骼化石。

大块头的麻烦

　　板龙的身躯庞大，在天气炎热的时候，它们往往成群结队地向河、湖旁迁徙。在迁徙的途中，常常出现因迷路和酷暑造成的群体死亡现象。

11

波斯特鳄
BO SI TE E

波斯特鳄小资料

波斯特鳄是一种勇猛霸道型的爬行动物。它身披鳞甲,头上长着脊和小角。生活在北美洲地区。

认识波斯特鳄

波斯特鳄是三叠纪晚期最大的肉食性爬行动物之一。它长约6米，头骨宽大，头部和尾巴很长，长有大型的弯曲趾爪，嘴里还长着匕首般锋利的牙齿。

隐蔽的猎手

波斯特鳄身躯笨重，奔跑速度不快，因此，在捕食的时候，它通常会先隐蔽起来，一旦发现猎物的踪迹，就会突然冲出，给猎物致命一击。

不同的行走方式

古生物学家对于波斯特鳄的行走方式一直存在着争议。它的前肢是后肢长度的2/3，从比例看，可能是两足动物。但也有一些古生物学家认为，波斯特鳄主要以四足方式移动，遇到危险时才会用两足奔跑。

蓓天翼龙
BEI TIAN YI LONG

蓓天翼龙小资料

蓓天翼龙是一种生龙活虎型的翼龙。它是人们知道的最原始的能飞的翼龙,体重约为100千克。生活在欧洲地区。

认识蓓天翼龙

蓓天翼龙又叫翅龙，生活于晚三叠纪时期。它长有三种圆锥状的牙齿，翼展约60厘米，尾长约20厘米，尾巴坚挺，骨头轻盈、坚硬。

与众不同

蓓天翼龙的翼展长度是后肢长度的2倍,其他翼龙的翼展长度一般是后肢的3倍;蓓天翼龙嘴里长着三种不同类型的圆锥状牙齿,其他翼龙嘴里则分布着长牙齿和小牙齿。

19

20

爱吃蜻蜓

蓓天翼龙生活在河流和沼泽旁，常常飞翔在半空中，捕食各种昆虫，其中，最钟爱的就是蜻蜓。

布拉塞龙

BU LA SAI LONG

布拉塞龙小资料

布拉塞龙是一种忠厚老实型的爬行动物。它长着獠牙，嘴如鸟嘴，体重约为1吨。生活在北美洲地区。

认识布拉塞龙

布拉塞龙生活于三叠纪晚期，身长3~5米，身躯笨重，四肢短小有力。

多功能的獠牙

布拉塞龙的獠牙不仅可以啃食坚硬的植物，而且在旱季缺水的时候，还可以用来挖掘泥土中富含水分的蕨类植物根部，帮助布拉塞龙获得水分。

黑瑞龙
HEI RUI LONG

黑瑞龙小资料

黑瑞龙是一种生龙活虎型的肉食性恐龙。它身体细长，是三叠纪时期的顶级掠食者，体重约为300千克。生活在南美洲地区。

认识黑瑞龙

黑瑞龙长3~6米，头颅骨长且宽，脖子很短，前肢长有锋利的爪，后肢粗壮有力，能够直立行走。

25

食物来源

黑瑞龙的体形不是很大，因此，它只能捕食一些小型的植食性恐龙和其他爬行动物。在食物缺乏的时候，黑瑞龙还会捕食蜻蜓等昆虫，甚至会吃一些腐尸。

顶级猎食者

三叠纪晚期，肉食性恐龙极少。黑瑞龙因为行动敏捷，听觉灵敏，并拥有巨大的牙齿和锋利的指爪，于是就成了当时顶级的猎食者。

27

湖北鳄
HU BEI E

湖北鳄小资料

湖北鳄是一种生龙活虎型的海生爬行动物。它的口鼻部细长,脚趾很多。生活在亚洲地区。

认识湖北鳄

湖北鳄长约1米，拥有一个纺锤形的身体和鳍状的四肢。湖北鳄通过身体和尾部的摆动在海洋中游泳。

29

湖北鳄的近亲

湖北鳄和南漳龙是近亲，它们在外形上有些相近。但是，湖北鳄的背上长着较厚的真皮板，看起来更像鳄鱼。

31

化石发现

湖北鳄的化石发现于我国湖北省。它细长的口鼻部和恒河鳄、江豚、鱼龙等的口鼻部有些相似，古生物学家推测湖北鳄可能以此来捕食鱼类或水生无脊椎动物。

33

幻 龙
HUAN LONG

幻龙小资料

幻龙是一种孔武有力型的海生爬行动物。它的口中长满利齿,四肢长着脚趾和蹼。生活在世界各地。

认识幻龙

幻龙是一种半水栖的海生爬行动物,体形大小不一,有些个体只有几十厘米长,有些则可以达到6米长。幻龙的身体纤细,尾巴呈鳍状。

与鳄鱼相像

幻龙的生活习性和今天的鳄鱼很像，它在水中捕鱼，偶尔来到陆地上晒晒太阳。等到了繁殖季节，幻龙还会拖着笨重的身体来到海滩上产卵。

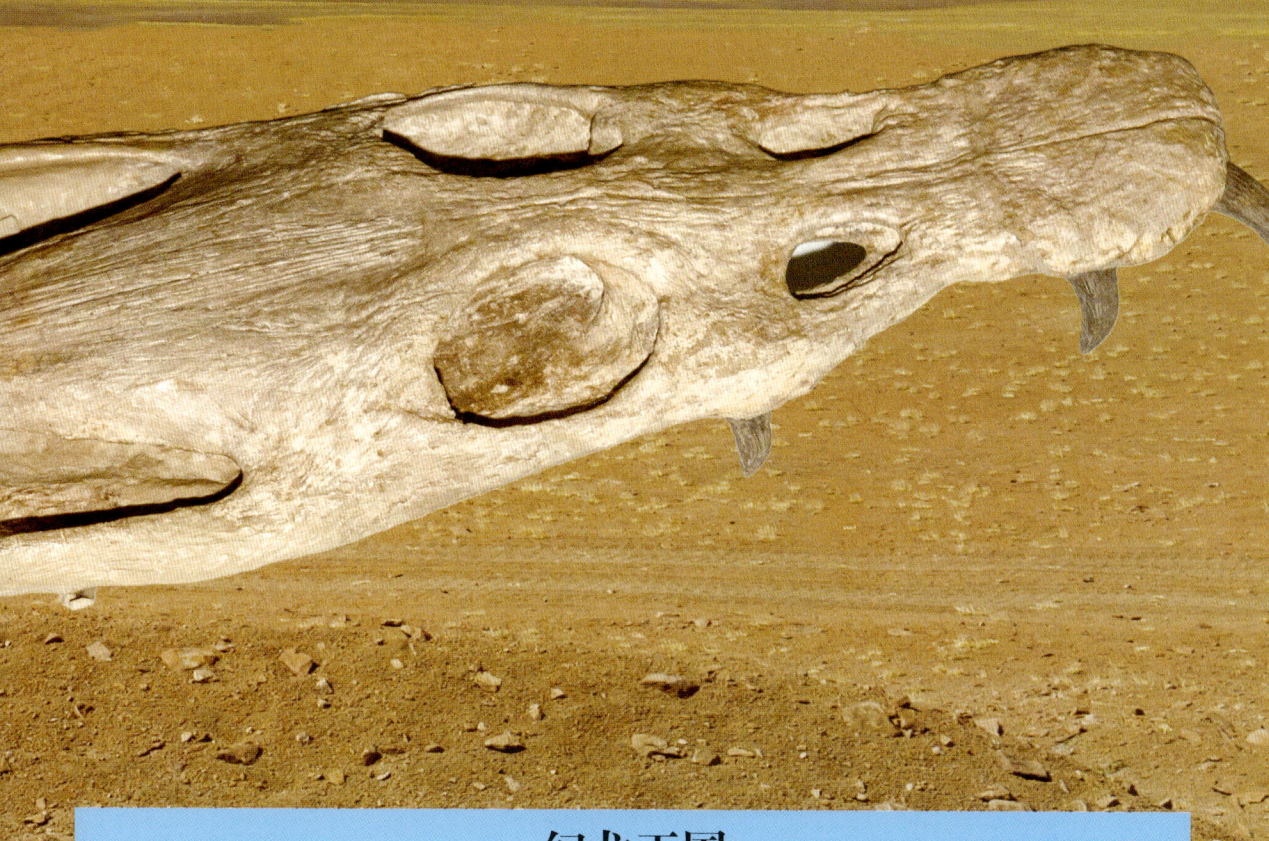

幻龙王国

幻龙的化石分布广泛，在世界各个地方都有发现。我国贵州省兴义县发现的幻龙化石最多，保存得也最完整，因此，兴义县有"幻龙王国"的美称。

肯氏兽
KEN SHI SHOU

肯氏兽小资料

肯氏兽是一种忠厚老实型的爬行动物。它的头很大,长着喙状嘴,有两颗大牙。生活在世界各地。

认识肯氏兽

肯氏兽生活于三叠纪早期到中期，是一种大型的植食性爬行动物，身长约3米，身体粗笨，四肢强壮。

进食高手

肯氏兽的喙状嘴坚硬有力，下颌的肌肉强壮发达，因此，它可以轻而易举地咬断植物的茎叶。

里奥哈龙
LI AO HA LONG

里奥哈龙小资料

里奥哈龙是一种忠厚老实型的植食性恐龙。它长着长长的脖子和尾巴，四肢粗壮。生活在南美洲地区。

认识里奥哈龙

里奥哈龙以化石发现地阿根廷的拉里奥哈省命名。这是一种生活于三叠纪晚期的大型植食性恐龙，身长可达10米，头部较小，牙齿呈叶状。

四足行走的恐龙

里奥哈龙身体较重，只能靠四条腿行走，以支撑身体的重量。另外，长度相近的前后肢，也显示它是四足行走的恐龙。

南十字龙
NAN SHI ZI LONG

南十字龙小资料

南十字龙是一种生活灵巧型的肉食性恐龙。它牙齿尖利,下颌灵活,体重约为30千克。生活在南美洲地区。

名字来源

1970年,人们在巴西发现了南十字龙的化石。此前,南半球几乎没发现过恐龙,所以古生物学家用只有在南半球才能看到的南十字星座来命名它。

认识南十字龙

南十字龙长约2米,前肢上长有锋利的指爪,后肢强壮有力,还有一条长长的尾巴。

鸟鳄
NIAO E

鸟鳄小资料

鸟鳄是一种勇猛霸道型的爬行动物。它头部巨大，牙齿锋利，背上长着两排鳞甲。生活在欧洲地区。

认识鸟鳄

鸟鳄生活于三叠纪晚期，是一种大型肉食性动物。它长约4米，依靠强壮的四足支撑着笨重的身躯。

鳄鱼的近亲

鸟鳄起初被认为是恐龙的祖先，可古生物学家发现，鸟鳄的踝关节和恐龙的踝关节不同，反而与鳄鱼的踝关节更相似，因此，鸟鳄和鳄鱼的亲缘关系更近。

腔骨龙
QIANG GU LONG

腔骨龙小资料

腔骨龙是一种生龙活虎型的肉食性恐龙。它头部和脖子细长,牙齿呈锯齿形,奔跑极快。生活在北美洲地区。

认识腔骨龙

腔骨龙又叫虚形龙,身长2~3米,是人们最早知道的恐龙之一。腔骨龙的头部长而窄,有大的空洞帮助减轻头部的重量;尾巴较长,可在奔跑时起到平衡身体的作用。

45

46

成群生活

　　个子不大的腔骨龙喜欢集体狩猎，它们会结成一群去猎食庞大的植食性恐龙。在美国新墨西哥州发现了超过1 000具腔骨龙的化石，这说明它们是成群生活的。

48

第二只进入太空的恐龙

1998年1月22日，一个来自美国卡内基自然历史博物馆的腔骨龙头骨，被"奋进号"航天飞机带到了"和平号"太空站中，然后又随航天飞机返回地球。这只腔骨龙是继慈母龙后，第二只进入太空的恐龙。

尾巴的作用

　　腔骨龙长着一条长长的大尾巴。在腔骨龙快速奔跑的时候，尾巴可以起到平衡身体的作用，这样一来，腔骨龙就不会跌倒了。

51

钦迪龙
QIN DI LONG

钦迪龙小资料

钦迪龙是一种生龙活虎型的肉食性恐龙。它身长体轻,凶猛异常,体重约为30千克。生活在北美洲地区。

认识钦迪龙

钦迪龙又叫魔鬼龙或庆迪龙,但它长得并不恐怖。钦迪龙是一种小型的肉食性恐龙,长约2.4米。它依靠后肢行走,左右摇摆的尾巴在奔跑中能保持身体的平衡。

捕食凶猛

钦迪龙虽然小巧,却是凶猛的捕食者。依靠强壮的后肢,它奔跑起来很快,尖锐的前爪可以有力地抓住猎物,锋利的牙齿能将猎物轻松地撕碎。

53

沙尼龙
SHA NI LONG

沙尼龙小资料

沙尼龙是一种高大威武型的鱼龙。它的口鼻部又细又长，长着像鱼一样的尾巴和鳍。生活在北美洲地区。

尾巴的作用

沙尼龙是鱼龙的一种，是三叠纪大型的动物之一，长约17米。它的上下颌长且窄，只在前面长着牙齿，四肢呈鳍状，尾巴像鱼尾。

55

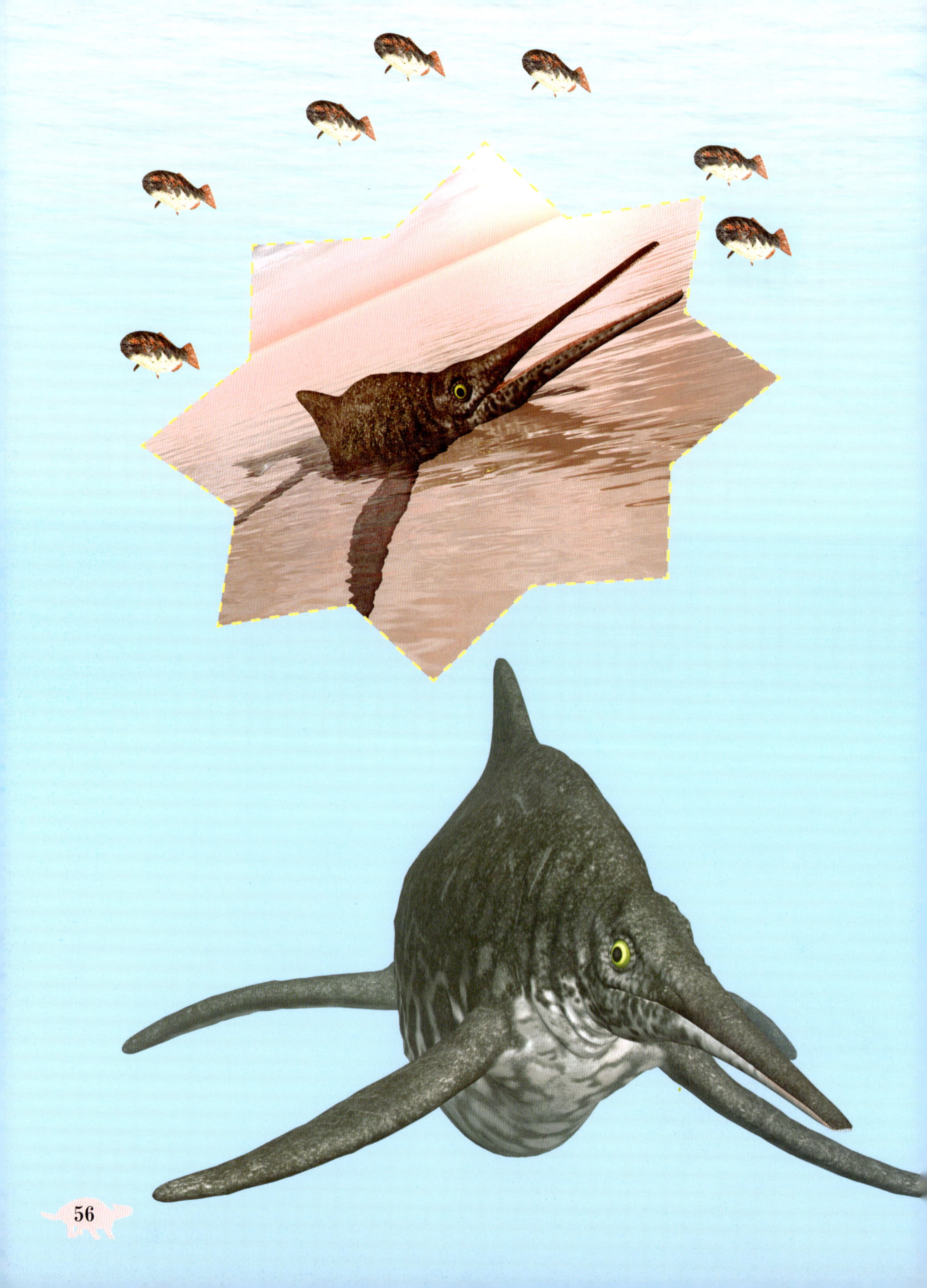

内华达州州化石

世界上唯一完整的沙尼龙化石在美国的内华达州,长约17米,于1977年被内华达州定为州化石。

牙齿结构

沙尼龙的牙齿只出现在口鼻部的前端,且只有小型幼龙的个体才有牙齿。此外,沙尼龙的牙齿位于齿槽,而其他进阶型鱼龙类的牙齿位于齿沟内。

尾巴没有尾鳍

沙尼龙的尾巴上侧形状较不突出，不像进阶型鱼龙类的尾巴上侧，没有类似于海豚的尾鳍形状。

58

59

水龙兽
SHUI LONG SHOU

水龙兽小资料

水龙兽是一种忠厚老实型的植食性爬行动物。它们数量庞大，头大脖短，长着喙状嘴和两颗长长的牙齿。生活在亚洲、非洲、欧洲、大洋洲等地区。

认识水龙兽

水龙兽曾在地球上极为繁盛，长约0.9米，身体呈桶状。它的头部大而沉，脖子短，上颌犬齿部位长有一对长牙，身体结构已显现出了哺乳动物的若干进步性状。

61

大陆漂移的证据

水龙兽分布广泛，几乎遍及各大陆。它们的化石极为相似，可见当时的大陆是相互连接的，水龙兽因此也被当成"大陆漂移说"的佐证。

63

群居生活

水龙兽过着群居生活，栖息在湖泊、池沼边缘，喜欢用坚硬的角质喙不停地摄食植物。

地球霸主

　　水龙兽是二叠纪生物大灭绝事件中的极少幸存者之一。有古生物学家认为，在当时，食物充足，没有天敌，水龙兽应是统治地球的霸主。

撕蛙鳄
SI WA E

撕蛙鳄小资料

撕蛙鳄是一种勇猛霸道型的爬行动物。它身披鳞甲，后背长着两排平坦的鳞甲。生活在欧洲地区。

66

认识撕蛙鳄

撕蛙鳄长约6米，体形粗壮，全身覆盖着鳞甲，其最大的特征是背部有两排平坦的叶状鳞甲，一直排列到尾巴末端。它动作敏捷，能够直立行走。

68

名字来源

　　撕蛙鳄生活在沼泽地带，是大型肉食性爬行动物。因为古生物学家推测其爱捕食大型两栖动物虾蟆螈，所以得名"撕蛙鳄"，古希腊文译为"青蛙撕裂"。

牙齿结构

撕蛙鳄牙齿较多，上颌30颗，下颌22颗，共有52颗。各部位的牙齿形状、大小都不相同。前上颌骨牙齿修长，上颌骨牙齿后缘笔直。撕蛙鳄是典型的异齿型动物。

71

始盗龙
SHI DAO LONG

始盗龙小资料

始盗龙是一种生龙活虎型的肉食性恐龙。它是地球上最早的恐龙之一，能以两足行走，体重约为10千克。生活在南美洲地区。

古老的特征

始盗龙是地球上最早出现的恐龙之一，具有一些古老的特征。比如，它的前肢有5根指头，第五根指头已退化得很小。

认识始盗龙

　　始盗龙又名晓掠龙,古生物学家推测它可能是目前最原始的肉食性恐龙。始盗龙长约1米,前肢细小,后肢粗壮,主要靠后肢行走。它长有树叶状和锯齿状两种牙齿,既能吃植物,又能吃肉。始盗龙动作敏捷,爪子极锋利,古生物学家推测它能捕食和它体形相当的猎物。

鼠龙
SHU LONG

鼠龙小资料

鼠龙是一种忠厚老实型的植食性恐龙。它是曾经发现的最小的恐龙,体重约为120千克。生活在南美洲地区。

认识鼠龙

鼠龙是一种小型的植食性恐龙，曾经被认为是最小的恐龙。人们最初发现的是幼年鼠龙的化石，体长只有20～37厘米，因而被称为鼠龙。其实，鼠龙并不小，成年鼠龙可以长到3米多。

样貌的改变

鼠龙的幼体化石有短头部、短颈部、长尾巴以及大型眼眶。成年鼠龙可能有较长的口鼻部与颈部，外表类似原蜥脚类恐龙。

跳 龙
TIAO LONG

跳龙小资料

跳龙是一种生龙活虎型的肉食性恐龙。它喜欢跳跃,奔跑很快,体重约为1千克。生活在欧洲地区。

认识跳龙

跳龙身长约60厘米，体形如猫，是一种喜欢跳跃的恐龙。它身体小巧，用后肢行走，奔跑速度很快，靠捕食小型动物或捡拾肉食性恐龙吃剩的动物尸体为生。

无齿龙

WU CHI LONG

无齿龙小资料

无齿龙是一种忠厚老实型的水栖爬行动物。它身体宽平,没有牙齿,背上有壳。生活在欧洲地区。

认识无齿龙

无齿龙身长约1米,身体又宽又平,四肢和尾巴很短,有一个由骨板构成的方形保护壳,很像现在的海龟。无齿龙有一个角质物包裹的喙,没有牙齿。

水陆两栖生活

无齿龙的身体结构决定它大部分时间生活在水中,繁殖后代和躲避敌害时会到岸上。无齿龙的主要食物是贝类,它的角质喙可以啄碎坚硬的贝壳。

迅猛鳄
XUN MENG E

迅猛鳄小资料

迅猛鳄是一种勇猛霸道型的爬行动物。它的头颅较长，牙齿呈锯齿状，奔跑迅速。生活在南美洲地区。

认识迅猛鳄

迅猛鳄是恐龙的近亲，长约5米，拥有纵深的头颅和锯齿状牙齿，腿部强壮，能够快速奔跑，并且能够像恐龙一样直立行走。

顶级掠食者

迅猛鳄擅长伏击小型动物,是当时陆地上活跃的顶级掠食者。

亚利桑那龙

YA LI SANG NA LONG

亚利桑那龙小资料

亚利桑那龙是一种勇猛霸道型的爬行动物。它的背部有明显的帆状物。生活在北美洲地区。

认识亚利桑那龙

亚利桑那龙长4～5米，最明显的特征是背部有一个帆状物，长约1.5米，由神经棘构成。

83

84

鳄鱼的近亲

亚利桑那龙同时具备鳄鱼和恐龙的一些特征,与鳄鱼有亲缘关系。

异刺鲨
YI CI SHA

异刺鲨小资料

异刺鲨是一种生龙活虎型的鱼类。它的头顶上长着长刺。生活在欧洲地区。

认识异刺鲨

异刺鲨长约1.2米,背鳍呈长条状,臀鳍细长,尾巴尖削,最明显的特征是头顶上有一根向后斜立的长刺。它是一种软骨鱼类,生活在河流和湖泊中。

原颚龟
YUAN E GUI

原颚龟小资料

原颚龟是一种忠厚老实型的爬行动物。它是龟和鳖的祖先，但是长着牙齿，不能缩回壳中。生活在欧洲和亚洲地区。

认识原颚龟

原颚龟是由杯龙类爬行动物进化而来的，是现代龟鳖类的共同祖先。它最明显的特征是骨板和鼻骨上方有方齿状小齿，背甲上有额外的一圈边骨板。原颚龟与现代龟类没有太大区别，只是身体不能缩回壳中，防御本领较低。

认识真双齿翼龙

真双齿翼龙的头部细长，嘴里布满尖利的牙齿，又长又硬的尾巴末端有一块舵状的皮膜。翼膜主要由极长的第四趾撑开，结实有力，起飞行作用。真双齿翼龙的骨骼轻巧，肌肉发达，翼展达1米，使它不但是优秀的飞行家，还是攀岩高手，能轻松地在岩壁间攀爬。

翼龙分类

翼龙分为喙嘴翼龙和翼手龙两种，喙嘴翼龙长着短脖子和长尾巴，翼手龙正好相反，长着长脖子和短尾巴，身体也大很多。

两种形状的牙齿

真双齿翼龙长着两种形状的牙齿，嘴的前半部分长着锋利的长牙齿，上颌两侧各4颗，下颌两侧各两颗；后半部分则长着有许多牙尖的小牙齿。成年真双齿翼龙以鱼类和有硬壳的无脊椎动物为食，年幼的真双齿翼龙以蜻蜓等昆虫为食。

天空主宰者

翼龙是一类能够在天空飞行的爬行动物，是最早飞上天的脊椎动物，家族庞大，主宰着当时的天空。它们在三叠纪晚期出现，逐渐灭绝于白垩纪末。

三叠纪
SAN DIE JI

黑瑞龙

迅猛鳄

蓓天翼龙

撕蛙鳄

跳龙

湖北鳄

肯氏兽

板龙

南十字龙

94

鸟鳄　真双齿翼龙　钦迪龙

异刺鲨　亚利桑那龙

沙尼龙　原颚龟

水龙兽　腔骨龙

始盗龙

版权专有 侵权必究

图书在版编目（CIP）数据

重返恐龙星球. 三叠纪 / 童彩编绘. — 北京：北京理工大学出版社，2018.1
ISBN 978-7-5682-4336-0

Ⅰ. ①重… Ⅱ. ①童… Ⅲ. ①恐龙－儿童读物 Ⅳ. ①Q915.864-49

中国版本图书馆CIP数据核字（2017）第165774号

重返恐龙星球·三叠纪

童 彩 ⊙ 编绘

出版发行 /	北京理工大学出版社有限责任公司
社　　址 /	北京市海淀区中关村南大街5号
邮　　编 /	100081
电　　话 /	（010）68914775（总编室）
	（010）82562903（教材售后服务热线）
	（010）68948351（其他图书服务热线）
网　　址 /	http://www.bitpress.com.cn
经　　销 /	全国各地新华书店
印　　刷 /	三河市兴国印务有限公司
开　　本 /	889毫米×1194毫米　1/16
印　　张 /	6
字　　数 /	120千字
版　　次 /	2018年1月第1版　2018年1月第1次印刷
定　　价 /	28.00元

责任编辑 / 梁铜华
文字编辑 / 梁铜华
责任校对 / 周瑞红
责任印制 / 边心超

图书出现印装质量问题，请拨打售后服务热线，本社负责调换